每周四，都充满了悬念。

突然，特迪停了下来……

阿拉玛思一家都不敢相信他们的眼睛，他们竟然是幸运奖获得者!

他们十分兴奋，因为这是他们人生中的第一次野营……

喂！是乔治娜吗？我是娜塔莉，你的白内障好一点儿没有？告诉你，我们一家赢得了一次五人外出野营的机会，想邀请你和我们一起出去玩！
哦，我非常乐意和你们一起去，太感谢了！
出发的那一天终于到了……
孩子们，出发啦！
特迪、比尔！
你也动起来，快走啦！
还要去接上乔治娜。
会游泳的鸟儿！
嘎嘎！
2000 绿洲野营度假村

2000绿洲野营度假村
哇!
欢迎
纪念品商店
不可以。
我是世界之王。
哇，喷泉!
嗨!
哈哈!
哇哦!
出口
游泳池
100—200
0—100
游泳池
不要忘了醋腌酸黄瓜!
好了，行了!

行了！
到了！
哈哈！
冰激凌 热狗
你带手机了吗？
游泳池
这就到了！
要命了！
你邀请玛丽露了吗？
250—300
500—600
思迪文去哪儿了……
真的吗？
真棒！
真棒！

美丽的野营度假村令阿拉玛思一家人眼花缭乱，他们来到营地接待处……

①在法语中，姨妈的发音与帐篷相似。

哎呀妈呀，见鬼！
亲爱的……你见过这样的吗？
卡里布（狗狗名字），不要吃沙丁鱼！
真差劲。他们这里没有菠萝味的冰激凌……
哦，无语……
天哪！
什么味儿？太难闻了！
这是什么，爸爸？

在星光下，阿拉玛思一家终于过上了梦寐以求的野营生活……

完

让-马克·提埃尔受访记

文本与绘图：爱龙·祖贝

让-马克· 提埃尔先生尽管工作十分繁忙，但是仍旧接受了乔治的采访。他们谈论到《阿拉玛思一家》中的小灵通奥利维先生，也就是野营度假村的经理人，该角色就是由让-马克· 提埃尔先生饰演的。

在准备采访的过程中，我发现这是您第一次出演喜剧中的角色，您喜欢吗？

提埃尔 喜欢。起初我其实没有兴趣参演这个喜剧角色，毕竟大众更熟悉我饰演悲剧人物。我接受这个角色是为了我的小舅子，他当时正在寻找一名稍有名气的演员饰演小灵通奥利维先生。于是，最终我同意出演这个角色。我很满意自己的表演，看得我都笑出了泪花！

野营度假村在这个故事当中是一个不可思议的地方。这是一个真实的野营度假村，还是为了演出临时搭建的？

提埃尔 这是一个真实的野营度假村。它属于我小舅子的堂兄。我自己也是第一次露营，之前从来没有体验过。每天都吃那些烤煳了的香肠；睡觉的时候，大家挨着睡，放屁得小心翼翼；上洗手间得排队（下午3点半左右是高峰期）；想要冲个澡，脚下还会踩到陌生人洗完掉落的头发！这一切都让人头疼。

假期的时候，您通常爱做些什么？

提埃尔 我的假期？我都快忘了假期是什么。我常外出拍摄，一会儿跑东边，一会儿去西头……都没法儿让自己度个假。最后一次度假，还是在33年前吧，哈哈！可是我无法返老还童了！

您能不能说说关于您最近的计划？

提埃尔 我即将动身前往莫梅隆，在那里会待上将近7个月的时间，完成一个电视连续剧的拍摄工作，这里不方便透露剧情内容。然后，我还会参加巴黎米奇迪尔剧院的一个演出。

我听说《阿拉玛思一家》的续集正在筹备……有没有邀请您参演？

提埃尔 我暂时还没有收到摄制组的邀约，如果这次我们能睡在旅店里，仅仅是如果啊，那么我想我还是会去的。

您有什么话想跟我们的小读者说吗？

提埃尔 希望大家喜欢我在《阿拉玛思一家》中的演出。

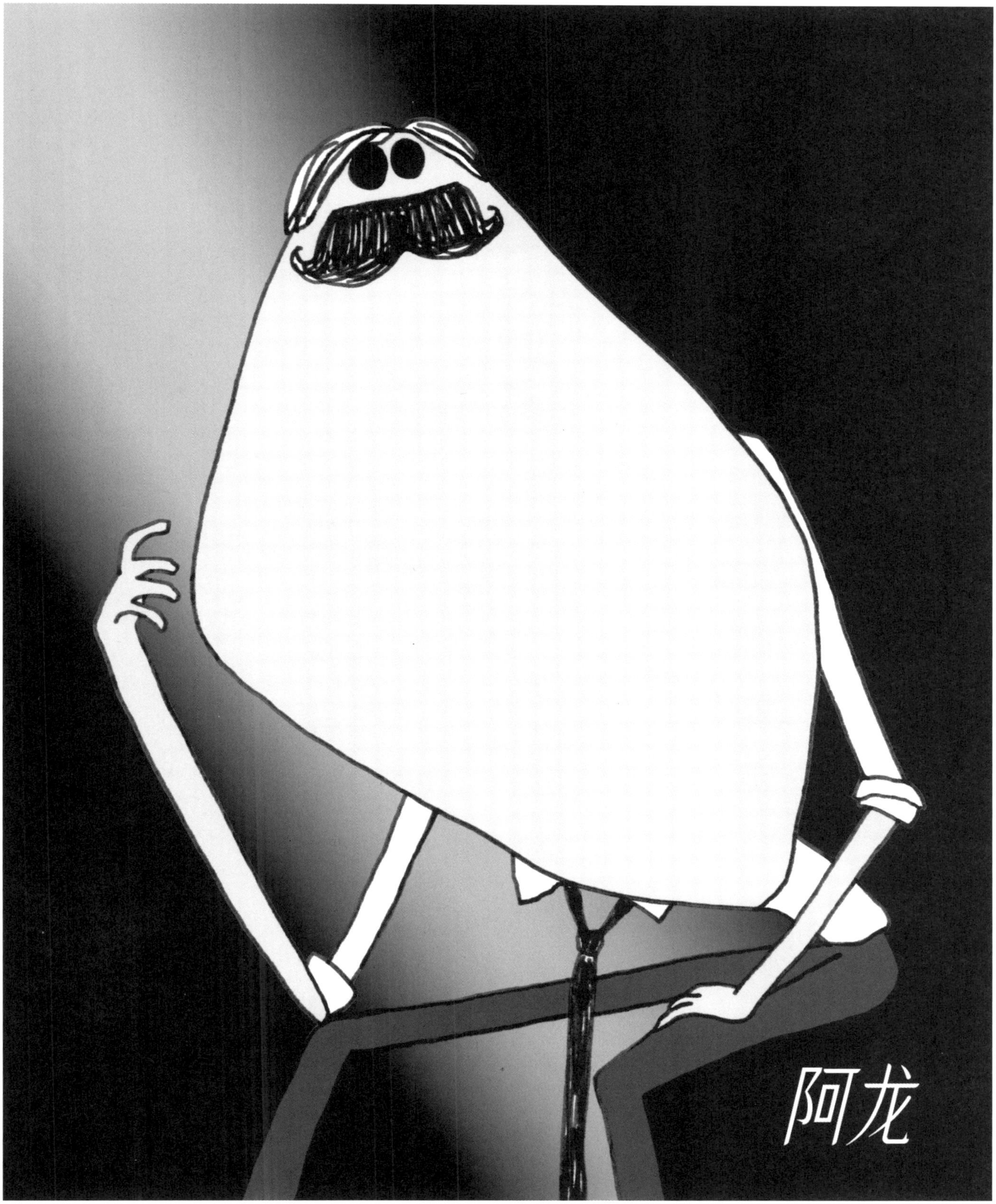
阿龙

邦比和高里

野营面包片

文本与绘图：玛丽·诺维昂

看，就是这个罐头！
啊呀呀，都黑了啊！
是啊，这是墨汁枪乌贼罐头！
把它放到面包片上……
好奇怪……
好了，这个给你吃！
好像屎一样的面包片。
谢谢！
吃啊，我可只有一盒罐头！
他是在戏弄我吗？
啊，真美味！
他真的把它吃了！
我真的要吃掉它？
快吃吧，不要想太多！
1
2
3
啊，是的，真的太好吃了！
这就是野营的魔力！
如果我们出了帐篷，不野营的时候，吃这个会是啥味道呢？
我不建议你这样做！
完

谁想出了度假的好主意？

文本：樊尚·雅多 绘图：塞维里·米耶

一些人认为是查理大帝创建了学校，然而我们发现学校休假的历史可以追溯到法老的年代！是谁发明的假期呢？很难说我们应该感谢谁出了这么个好主意。古罗马人在夏天的时候会离开大城市，到海边找一块凉爽一点儿的地方避暑度假，这样一来还可以躲避传染病。

中世纪的时候，人们还没有旅行度假一说！因为那个时候，人们要去朝圣，没有时间懒洋洋地躺着享受日光浴。于是教会宣布首批公众假日，以便信徒可以有时间参观宗教场所。

那么是谁决定给学生们放暑假的呢？貌似是教皇格雷戈里在1231年做出的决定。感谢他开了这个伟大的先河。当然，他的初衷并不是想让学生们在假期睡大觉、戏耍玩乐。这个假期也被称为“收获葡萄”的节假日，是用来让学生们帮助他们的家庭采摘葡萄的。离开了教室在田里干活流汗，这对于学生们而言也是一种放松吧。

直到1882年，法国规定每个孩子必须到学校接受义务教育，所以暑假延续到了9月初才结束，这样一来，几乎所有的孩子都能帮助家里完成收葡萄的工作。19世纪，干农活的效率提高了，于是假期有了更多的可自由支配的时间。更何况，假期开始的时间提前到了7月1日，有整整两个月的假期，从而形成了真正意义上的暑假。对应此变化，1936年，“带薪休假”制度在法国应运而生。从此以后，上班的父母就有权享受带薪假期。这样，他们就可以带着家人外出度假了。

在假期作业没有被发明以前，孩子们在假期是不用学习的。有了假期作业之后，他们可以温习上个学期所学的知识。做作业比干农活更轻松一些，而且假期作业中的竞赛环节还可以给他们带来更大的收益。比如在1956年，有个孩子就为全家赢得了一辆真正的小轿车。不过之后，平板电脑逐渐代替了练习册，幸好没有什么能代替我们的假期！

■ 游戏1 ■

假日，校园，野营

绘图：埃利奥特·克鲁辛斯基

乔治翻阅历史书籍，发现人类从很早以前就开始野营了。

A. 下面是不同年代与野营相关的传闻，观察下一页的几幅图，为每幅图选择对应的年代，在图下标上序号。

文字说明

1 **公元前1000年：** 游牧民族利用帆布建立营地，用来中途休息。

2 **罗马时代：** 士兵驻扎营地，他们的帐篷被称为“另类的士兵”。

3 **在11世纪：** 在长途旅行中，法国和英国国王会停下来休息。当没有足够大的房子来容纳他们的随从时，这些随从将睡在帐篷里。

4 **在19世纪末：** 先是英国的贵族，后来还有法国的贵族，他们用马车或汽车来载运他们巨额的财产。

5 **在两次世界大战期间：** 人们为了磨炼孩子，兴起童子军，并让他们在艰苦的条件下露营。

6 **1936年：** 带薪假期出现，野营变得流行起来！

B. 下面是图片B和D的剪影，它们与原图相比都有7处不同的地方，请你帮乔治找出来吧。

图片A：传闻________

图片B：传闻________

图片C：传闻________

图片D：传闻________

图片E：传闻________

图片F：传闻________

游戏2

装备精良

绘图：迈克尔·德瑞尔

在一本关于野营的手册中，乔治发现了下页这张小贴士，上面有野营时所需的装备。

乔治去野营时一定会带上一本书、一罐芥末、一顶帽子。你能在下面的框里画出它们吗？

你准备去野营吗？

那么请不要忘记带以下物品：

■ 游戏3 ■

叮！手工时间到了！

设计者：曼斯和鲁

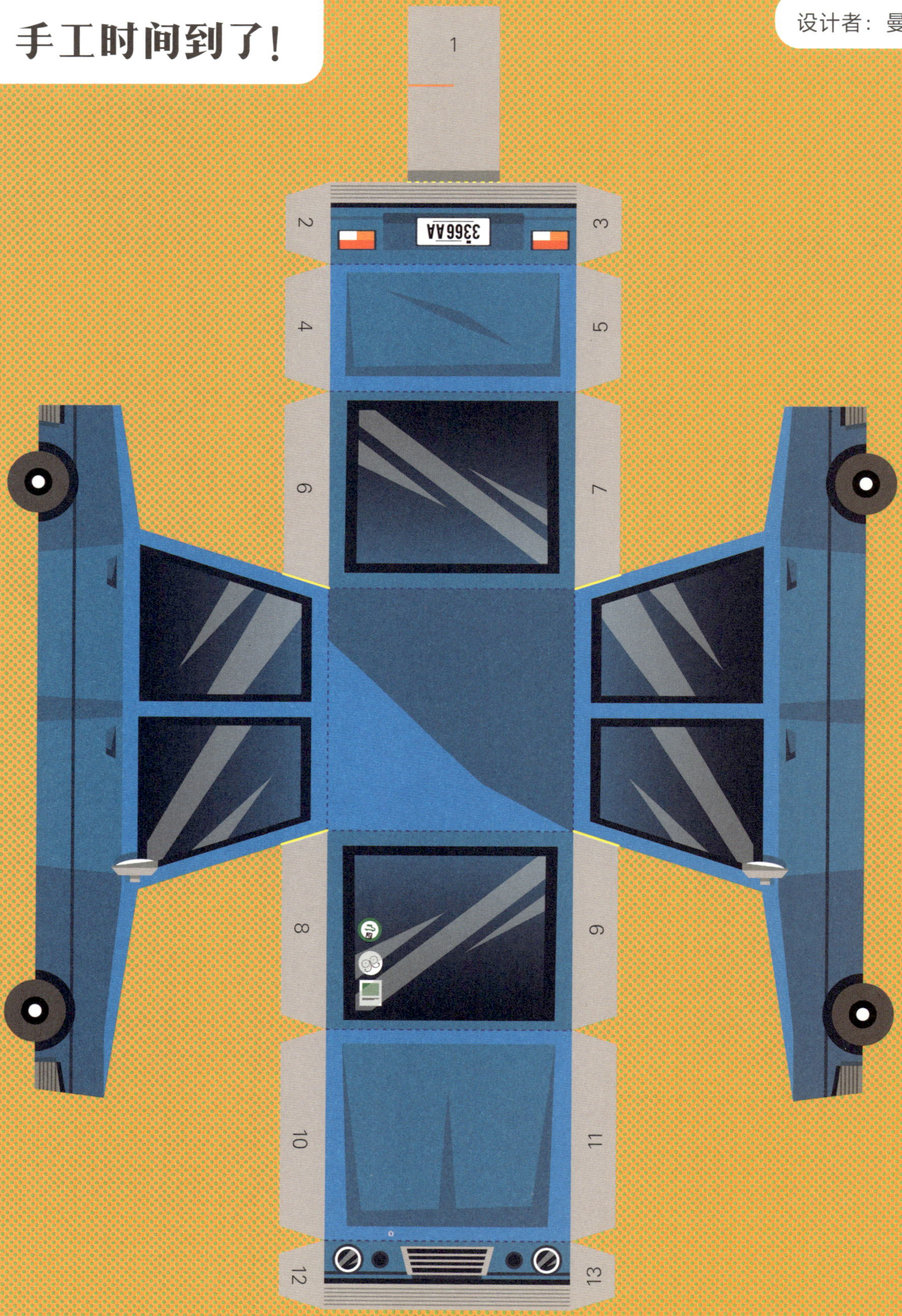

手工游戏：制作汽车

（注意：请先玩游戏2，再做手工。）

所需材料：

剪刀、胶棒。

制作方法：

A. 剪下上一页的小车纸模。

B. 沿 4 条黄色实线剪开(在粘贴片 6、7、8 和 9旁边）。

C. 折叠粘贴片 2 到 13，然后按照虚线折叠汽车的所有部位。注意！并非所有的部位都朝着同一个方向折叠。要做好这些，请先观察上图或向家长寻求帮助。

D. 将粘贴片9、11和13涂上胶，然后把一侧车头粘好。接着将粘贴片3、5和7涂上胶，用同样的方法粘好一侧的车尾。

E. 另一侧进行同样的操作，先将粘贴片8、10和12粘好，再将粘贴片2、4和6粘好。

F. 沿黄色虚线折叠粘贴片1（用于连接旅行挂车），剪开粘贴片1中的橘色线。接下来去做旅行挂车吧！

手工游戏：制作旅行挂车

（注意：剪掉下一页的旅行挂车纸模之前，请先玩游戏4，否则剪了之后就不能玩了！）

所需材料：

剪刀、胶棒。

制作方法：

A. 剪下旅行挂车的纸模。

B. 沿 4 条黄色实线剪开(在粘贴片 4、5、6 和 7旁边）。

C. 折叠粘贴片 2 到 9，然后按照虚线折叠旅行挂车的所有部位。

D. 将粘贴片 2 和 4涂上胶，然后粘在旅行挂车的左前部车身上。同样将粘贴片 6 和 8涂上胶，然后粘在同侧的车身上。

E. 请在另一侧重复此操作，将粘贴片 3 和 5粘好，然后再粘好 7 和 9。

F. 沿黄色虚线折叠粘贴片1，然后剪开粘贴片1中的橘色线。

G. 如果之前您已经将小汽车做好了，现在就可以组装了，您只要将小汽车和旅行挂车各自的粘贴片1的切口卡合到一起即可。

1
2
3
4
5
6
7
8
9
3366AA

■ **游戏4** ■

篝火闪闪

绘图：斯特凡妮 · 拉纳

乔治去野营时，有时会买一小包棉花糖在篝火中烤。出于以下两个原因，他经常选择“混合棉花糖”。第一个原因是每个棉花糖上都有拼音字母，他可以组成词语把它们穿起来烤。

A. 你能从棉花糖中找出藏在里面的声母吗？请你把找到的声母圈出来吧！

B. 用圈出来的声母填补完整下列的棉花糖串，拼一拼，看看可以得到什么词语吧。

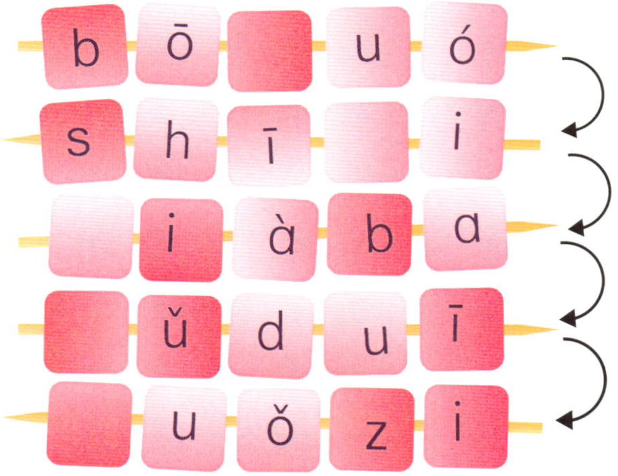

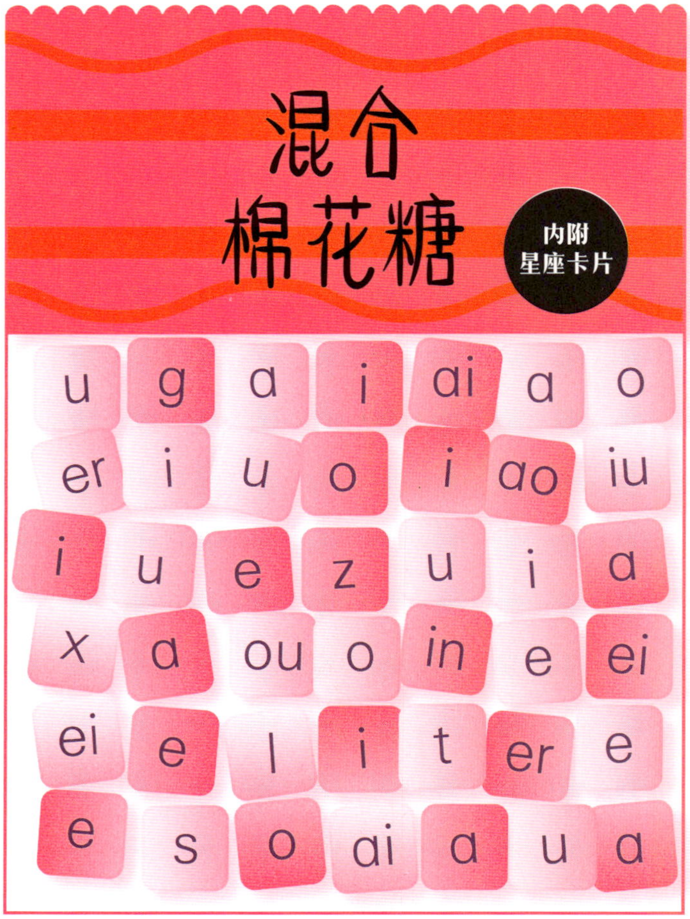

第二个原因是每袋中都包含了一张星座卡片。乔治正在收集这些卡片。

C. 乔治建议你这样玩这些星座卡片：

1. 玩完游戏5之后，你可以剪下下一页中的星座卡片，并把剪下的星座卡片贴到稍微硬一点儿的纸板上。
2. 用大头针刺穿黄颜色的圆点，使其形成小孔（请家长帮助使用大头针）。
3. 如果你有机会去野营，夜晚的时候，你可以用手电筒照亮卡片，你将能更好地认识这些星座的形状。

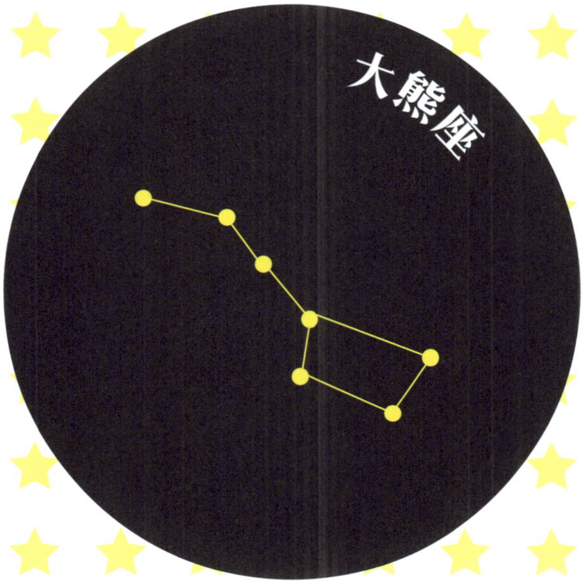
大熊座

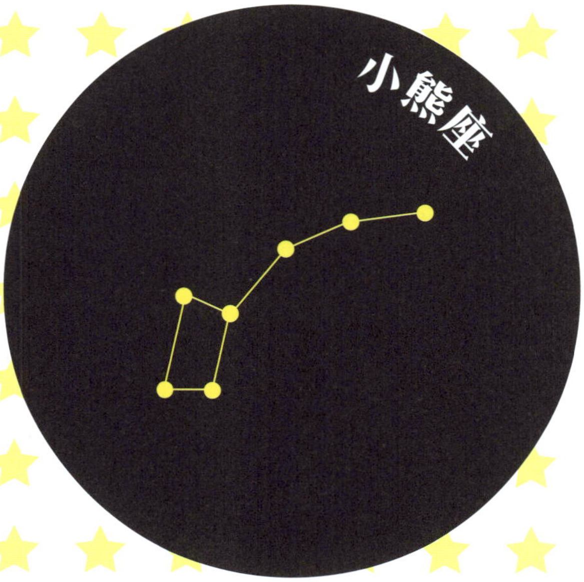
小熊座

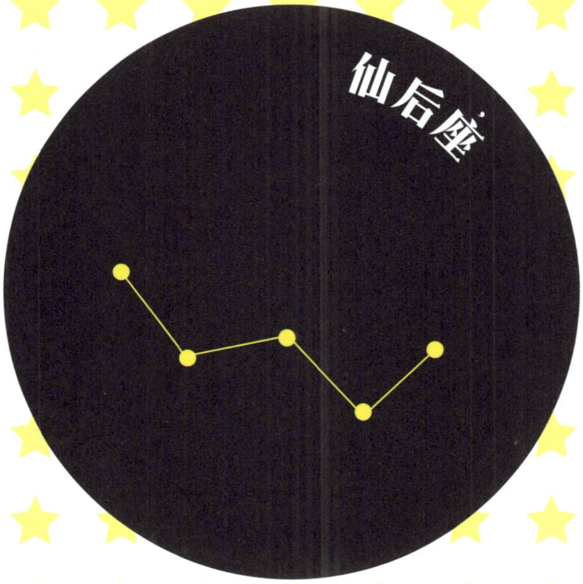
仙后座

武仙座

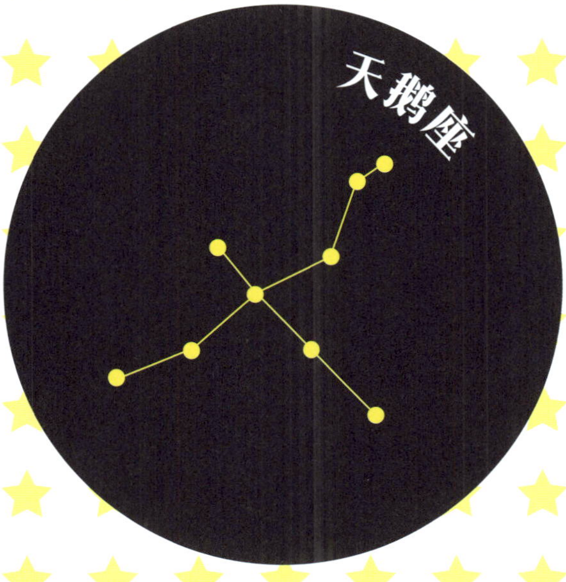
天鹅座

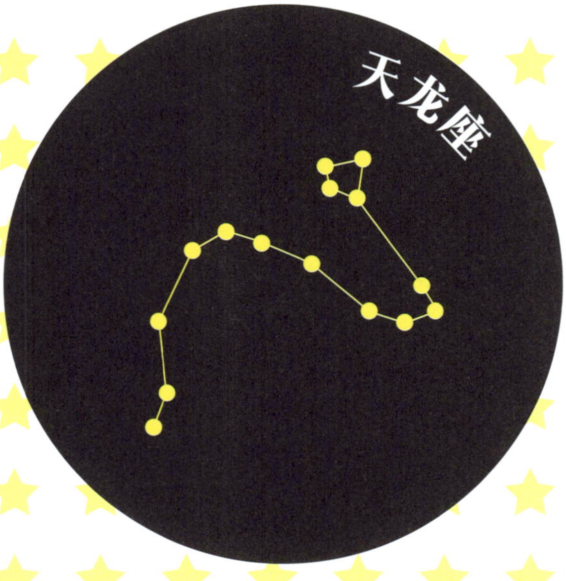
天龙座

■ **游戏5** ■

野营足迹

绘图：小型工作室

下面是乔治的四个朋友，他们在同一个营地野营度假。

A. 在下一页的图中，选择最近的路线，画出每人的足迹。请阅读下面的文字说明，它能帮助你更好地画出他们的足迹。

汤姆的足迹用橘色来表示：

汤姆从他的扎营地（11号）出发，去找垃圾桶丢垃圾。然后，他要去游乐场取回他落在那里的玩具。最后，他将前往30号扎营地，因为他奶奶在那里。

帕斯卡林的足迹用蓝色来表示：

帕斯卡林刚走出淋浴间，她要把东西放回到她的扎营地（21号）。接着，她决定到前台接待处附近的小桥那边去散步。

苏珊的足迹用绿色来表示：

苏珊从她的扎营地（2号）出发，先去快餐店买一个热狗。然后她会到河边的餐桌旁吃完这个热狗，因为那儿有遮阳伞。吃完后，她会去洗手间洗手，最后再返回到遮阳伞下。

丹尼尔的足迹用红色来表示：

丹尼尔在停车场停好车（最靠近垃圾桶的车位），然后去了前台接待处。接着，他在杂货店买了一瓶水后准备去玩滚球。途经汤姆家扎营地（11号）时停了下来，与汤姆的父母聊了5分钟。

B. 根据他们的行迹，判断谁会路过以下地点：

1. 快餐店	☐汤姆	☐帕斯卡林	☐苏珊	☐丹尼尔
2. 淋浴间	☐汤姆	☐帕斯卡林	☐苏珊	☐丹尼尔
3. 杂货店	☐汤姆	☐帕斯卡林	☐苏珊	☐丹尼尔

C. 汤姆不知道如何打结……在右边的建议中，如果我们拉紧两端，哪一个能打成结？请你圈出正确答案。

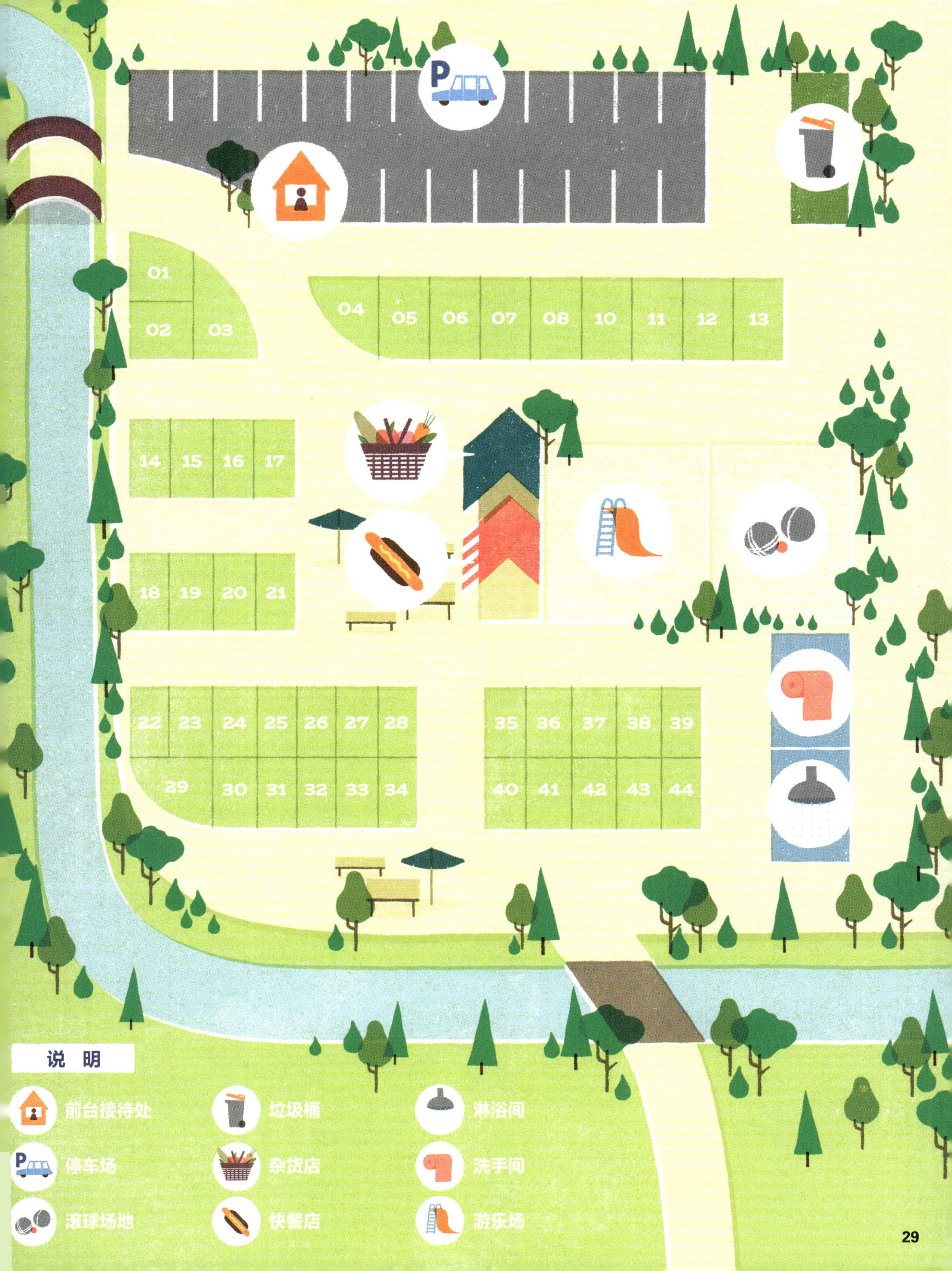
01
02
03
04
05
06
07
08
10
11
12
13
14
15
16
17
18
19
20
21
22
23
24
25
26
27
28
29
30
31
32
33
34
35
36
37
38
39
40
41
42
43
44
说 明
前台接待处
垃圾桶
淋浴间
停车场
杂货店
洗手间
滚球场地
快餐店
游乐场

■ 游戏6 ■

选择一个营地

绘图：露露和图米

这里有很多喜欢野营的人，但是他们的野营方式不太一样。观察图片，然后看看他们都说了什么。

A. 正如你所注意到的，对话框里的话是被打乱的，请你找出每个人真正说的话。

人物	1	2	3	4	5	6	7	8	9	10
对话框										

B. 下面这三个国家的官方语言是什么，你知道吗？

新西兰：______ 爱尔兰：______ 荷兰：______

C. 用数字**1、2、3、4、8、10、14**来填写下面的一段话。

在这张图片中，有______只动物，其中______只是塑料的。还有______个人，但是我们没法看全他们。我们只能看到______只手和______双脚。房车有______个绿色的窗帘。有______个戴眼镜的人。

■ 职业万花筒 ■

快餐车

文本：樊尚·雅多 绘图：斯特凡妮·拉纳

乔治准备去海滩玩，一辆色彩漂亮的快餐车吸引了他，车上还飘来阵阵香味。原来是莎拉在售卖布列塔尼煎饼。

“莎拉面”是这个流动快餐车的名字。有什么由来吗？

莎拉 就是一种文字拼接，用我的名字加上荞麦面饼的“面”。

你是从什么时候开始营业的？

莎拉 前年的夏天吧。

小的时候，你的梦想是什么呢？

莎拉 小的时候，目标不是很清楚，后来我在电影院上班，也在报社待过……再后来，为了逃离办公室，我就在花园里干活了。

在花园里干着干着，是不是一个煎饼突然飞来砸到了你的头？

莎拉 不是的。我喜欢做餐饮和与人接触。这辆流动快餐车可以同时满足我这两个喜好，当我在做准备的时候，我就可以与人聊天。

你去上过做煎饼的培训班吗？

莎拉 我上过一个为期六个月的培训班，附带餐馆的实习。

这些“唱机转盘”是用来干什么的呢？

莎拉 最好不要把唱片放到上面啊！这些是摊薄饼的炊具。这里有我所需要的一切。我的快餐车是一个带轮子的“滚动厨房”，里面有冰箱，存放着我所有的食材……但是这里没有餐具，我们得用手拿着吃！

你是早上购买食材吗？

莎拉 是的，为了得到最新鲜的食材，我会跑遍这里所有的供货商。

你的快餐车会驻扎在哪里？

莎拉 很多地方，比如当地的市场啊，节庆场所啊……天气晴暖的时候，我还出夜摊，去露营地售卖。在海滩边，游泳回来的人们往往胃口不错。

哪种食物最受欢迎呢？

莎拉 不好说。因为我喜欢创新配方，总是不断地换花样，加巧克力、水果或是做成小春卷，人们为此感到惊喜不已。我还在煎饼里加布列塔尼传统的盖梅内香肠。

你的孩子们来帮忙吗？

莎拉 我的两个儿子爱在家做饭，他们不爱在快餐车里做煎饼，因为这得守在柜台后面等着顾客的光临。

你比较喜欢吃哪一道菜啊？

莎拉 妈妈和姥姥做的古斯古斯（一种用小麦粉加作料做的菜）。

你还有其他爱好吗？

莎拉 我还喜欢画画。我的快餐车就是我自己装饰的，带点儿印度风，又有一点儿吉卜赛的风格，颜色很丰富，就像我的衣服。

煎饼和薄饼
今日主打煎饼：
盖梅内香肠
煎饼
今日主打薄饼：
野草莓薄饼

世界语

绘图：斯特凡妮 · 拉纳

乔治很喜欢野营，因为野营的时候能遇到很多来自其他国家的人……为了能彼此进行交流，他建议你学一点儿世界语。这是一种世界性的语言，由波兰医生柴门霍夫在19世纪末创制。这位波兰医生受到几种语言的启发，最终创立了这种易于学习的语言。

知识点！

1 所有的动词都以字母i结尾，它们的变位方法都是一样的。
每种时态只有一种词尾。

现在时以**as**结尾	过去时以**is**结尾	将来时以**os**结尾
Mi havas（我有）	**Mi havis**（我曾经有）	**Mi havos**（我将会有）

所有的单数和复数人称都只有一种词尾。

Mi estas	**Vi estas**	**Li / Ŝi estas**	**Ni estas**	**Vi estas**	**Ili / Ili estas**
我是	你是	他/她是	我们是	你们是	他们/她们是

2 所有的名词：阳性以o结尾，阴性以ino结尾。
单数以o结尾，复数以oj结尾。

阳性—单数	阴性—单数	阳性—复数	阴性—复数
Knabo（男孩）	**Knabino**（女孩）	**Knaboj**（男孩们）	**Knabinoj**（女孩们）

3 所有的形容词单数以a结尾，复数以aj结尾。

阳性—单数	阴性—单数	阳性—复数	阴性—复数
Granda（大的）	**Granda**（大的）	**Grandaj**（大的）	**Grandaj**（大的）

4 只有一个冠词：La，用在所有的名词前。

La granda koko（大公鸡）. **La grandaj kokinoj**（大母鸡们）.

乔治用下面的这些单词造了句，你也来学学吧！

单词：等待=atendi　跑步=kuri　行走=marŝi　小= malgranda　旅行者=turisto

1. 这个小男孩将会走路。**La malgranda knabo marŝos.**

2. 这些大女孩常常去跑步。**La grandaj knabinoj kuris.**

3. 旅行者们在等待。**La turistoj atendas.**

您好吗？

制作水车

绘图：斯特凡妮 · 拉纳

乔治今天教你做一架水车。让它转动起来吧！

所需材料：

- 6个软木塞
- 6个尖尖的小签子
- 1根粗棍子
- 6根小橡皮筋
- 1根大橡皮筋
- 2个Y形树枝

操作过程：

1

用小橡皮筋捆住两根小签子的两端。橡皮筋距离两头各约5cm。

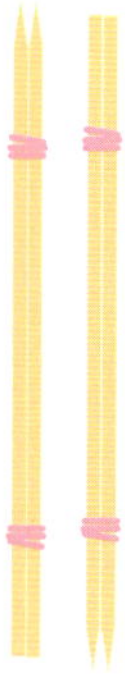

2

剩下的另外4根小签子也这样两两捆在一起。

3

将一根粗一点儿的棍子放在两根捆在一起的小签子之间，夹紧。

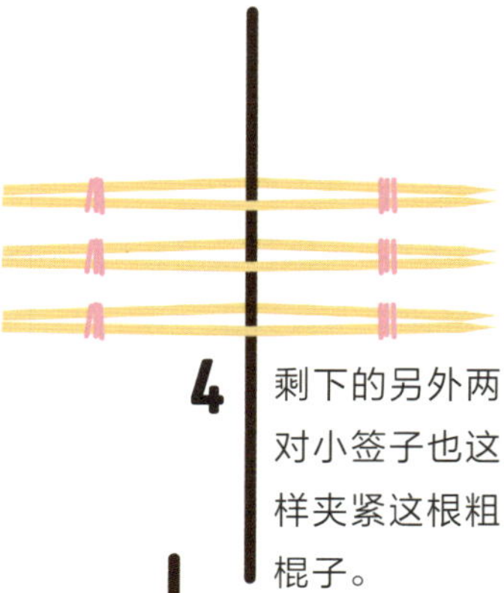

4

剩下的另外两对小签子也这样夹紧这根粗棍子。

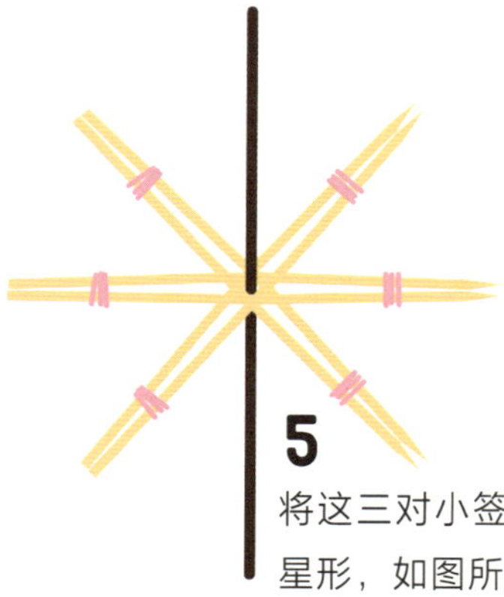

5

将这三对小签子转动成星形，如图所示。

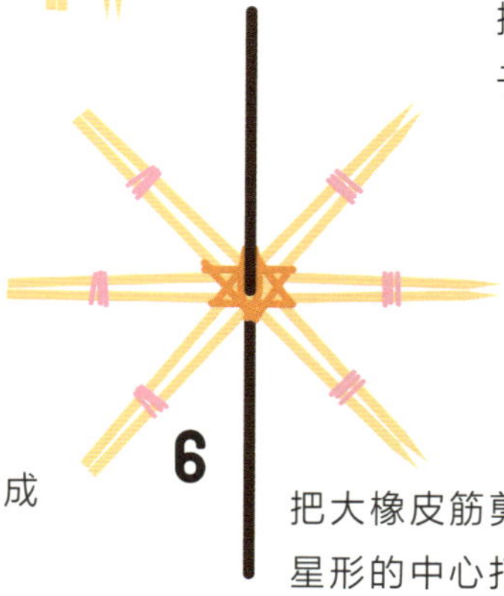

6

把大橡皮筋剪开，围绕星形的中心打结固定住这些签子。

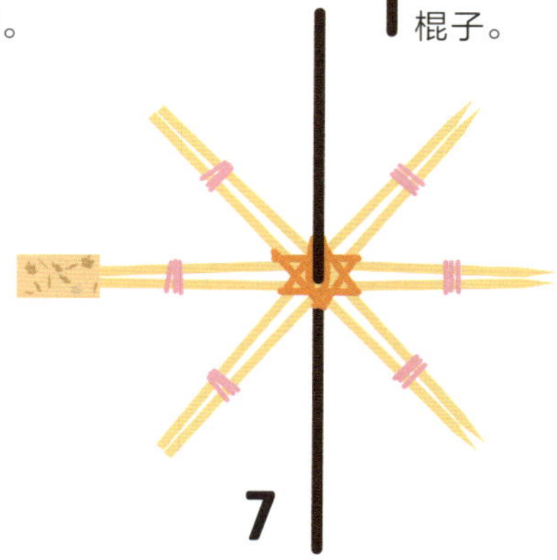

7

请大人帮忙在软木塞的一端打一个孔，孔的大小刚好能放进两根小签子，如图所示。

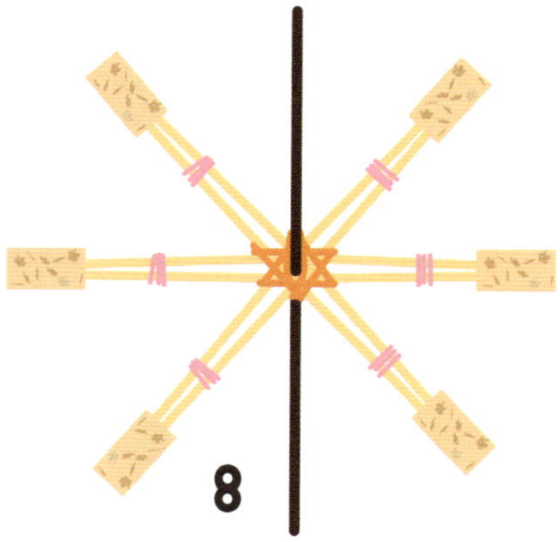

8

同样处理剩下的5个软木塞，然后插到所有的小签子末端。

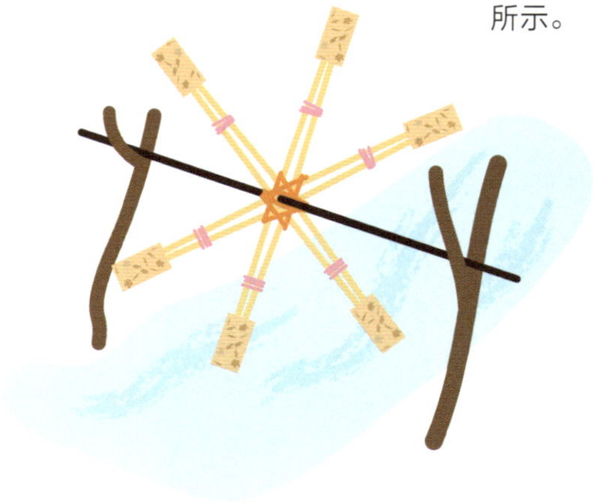

9

固定好Y形的小树枝，然后再放上水车。

旅途游戏

绘图：斯特凡妮 · 拉纳

乔治喜欢度假，却对旅途感到无聊。途中要坐各类交通工具：汽车、火车……下面有几个游戏可以让你在旅途中打发时间，无须任何材料（有好的记忆力就行），而且夜晚围在篝火旁边还可以再玩一次！

著名的猴子游戏

3人游戏

游戏规则

成为猴子的那个人就输了！

· 第一个人说一个汉字，比方说“我”。

· 第二个人想一个以汉字“我”开头的词语（比方说“我们”），然后大声说出这个词语的第二个字“们”。

· 第三个人想一个以“我们”开始的句子（比方说“我们要去野营”），然后大声说出第三个字“要”。

· 以此类推，一直到这个游戏无法再继续下去，这时，想不出来的玩家可以这么做：或是一言不发，这一轮认输，然后成为四分之一只猴子；或是假装在思考，然后再接出一个字。当心！如果有人发现你接的这个字有点奇怪，那么他可以询问你想的是哪个句子。如果你回答不上来，那么也算输，成为四分之一只猴子！

下面教大家如何算分：

· 输了一轮=四分之一只猴子

· 输了两轮=半只猴子

· 输了三轮=四分之三只猴子

· 输了四轮=完全成了一只猴子，被淘汰出局。

成为猴子的那个人可以继续在游戏中干扰其他玩家，如果有玩家接了“猴子”提出的字，那么那个人这一轮就算输！

词语链

2人游戏

游戏规则

谁掉链子谁就输了！

与词语接龙类似，上一个词语的最后一个字成为下一个词语的词首，但会规定词语的主题，并尽可能地连成最长的词语链。例如，在城市主题的词语链中：第一个玩家说“飞机”，那么第二个人可以说“机动车”等。

秋天
天空
空无一物
物品

游戏答案

这就是封面和封底的
7个不同之处：

游戏1 假日，校园，野营

A. 图片A：传闻4。图片B：传闻6。图片C：传闻1。图片D：传闻3。图片E：传闻2。图片F：传闻5。
B. 参见下图。

游戏4 篝火闪闪

A. 参见下图。

B. 拼出来的五个词语：bōluó（菠萝）；shīzi（狮子）；xiàba（下巴）；tǔduī（土堆）；guǒzi（果子）。

游戏5 野营足迹

A. 答案见下图。

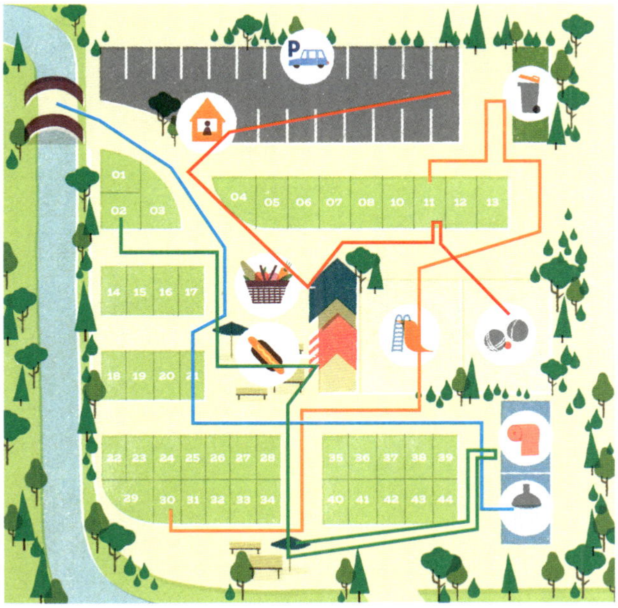

B. 1. 汤姆，帕斯卡林，苏珊。
2. 帕斯卡林，苏珊。
3. 帕斯卡林，苏珊，丹尼尔。

C. 第3个建议。

游戏6 选择一个营地

A. 答案见下方表格。

人物	1	2	3	4	5	6	7	8	9	10
对话框	G	H	B	I	J	E	D	F	A	C

B. 新西兰的官方语言是英语、毛利语；爱尔兰的官方语言是爱尔兰语、英语；荷兰的官方语言是荷兰语。

C. 在这张图片中，有2只动物，其中1只是塑料的。还有10个人，但是我们没法看全他们。我们只能看到14只手和8双脚。房车有3个绿色的窗帘。有4个戴眼镜的人。